Angelika Kipp

Weihnachtsmann & Schneemann

Fensterbilder aus Tonkarton

frechverlag

Im frechverlag sind von Angelika Kipp weitere Titel zum Thema „Basteln mit Tonkarton“ erschienen:

TOPP 2210

TOPP 1834

TOPP 2105

TOPP 1968

TOPP 2107

TOPP 2237

Fotos: frechverlag GmbH + Co. Druck KG, 70499 Stuttgart; Fotostudio Ullrich & Co., Renninger
Zeichnungen: Berthold Kipp

Auflage: 14. 13. 12.
Jahr: 2001 2000 1999
Letzte Zahlen maßgebend

frechverlag GmbH + Co. Druck KG, 70499 Stuttgar

ISBN 3-7724-1833-3 · Best.-Nr. 1833
Druck: frechverlag GmbH + Co. Druck KG, 70499 Stuttgar

Was mögen das für Typen sein,
die sich zur Winterzeit bei eisigen Temperaturen
so herrlich amüsieren?

Der eine in Weiß, der andere in Rot,
je kälter es ist, um so wohler fühlen sie sich, ...
das können nur der Weihnachtsmann
und sein Freund, der Schneemann, sein!

So richtig frech, flott und fröhlich marschieren sie
durch die Winterlandschaft, stets in Aktion,
nur ganz am Schluß verlassen den Weihnachtsmann
die Kräfte, da helfen nur noch ein Lehnstuhl
und die Pantoffeln!

Übrigens, Sie finden auf den Seiten 16/17 und 22/23
zwei Vorschläge, wie Sie mit den roten und den
weißen Männern dieses Buches ganze Fensterfronten zur
Weihnachtszeit gestalten können.
Weihnachtsmann und Schneemann lassen grüßen!

Viel Spaß beim Basteln!

Angelika Kipp

Arbeitsmaterial

- Tonkarton,
  in verschiedenen Farben erhältlich
- Schwarzer und roter Filzstift
  (dünne Strichstärke)
- Bleistift, heller Buntstift
- Bleistiftspitzer
- Weicher Radiergummi
- Transparent- oder Butterbrotpapier
- Klebeband
- Schere
- Lineal
- Bastelmesser
- Unterlage
- Klebstoff
- Faden zum Aufhängen (evtl. Nylon)
- Nähnadel

Tips und Tricks

Tonkarton

Für Ihre Fensterbilder sollten Sie Tonkarton verwenden, damit die Bilder die nötige Stabilität erhalten.

Übertragen des Motives

Haben Sie sich für Ihr Lieblingsmotiv entschieden, legen Sie ein Stück Transparent- oder Butterbrotpapier auf den Vorlagenbogen. Befestigen Sie es mit einem kleinen Klebestreifen, damit es nicht verrutscht.
Zeichnen Sie alle Linien mit einem weichen, aber spitzen Bleistift nach. Anschließend wenden Sie das Transparentpapier und legen es auf den farbigen Tonkarton. Mit einem spitzen Bleistift ziehen Sie die Linien des entsprechenden Motivteils nochmals kräftig nach. Bei diesem Arbeitsgang wird der zuerst gezeichnete Bleistiftstrich auf den Karton übertragen.
Die Vorlagen können Sie nun mühelos ausschneiden; evtl. vorhandene Bleistiftstriche entfernen Sie mit einem weichen Radiergummi.

Gestaltung des Motives von der Vorder- und Rückseite

Ein frei hängendes Fensterbild sollte von der Vorder- und der Rückseite gearbeitet werden. Hierzu benötigen Sie die meisten Teile in doppelter Ausführung.
Die Teile werden auf der Rückseite nur spiegelverkehrt, aber in der gleichen Reihenfolge wie auf der Vorderseite angeordnet.

Deckungsgleiches Kleben und Aufmalen von Konturen

Auf der Vorderseite eines Bildes werden die entsprechenden Teile aufgeklebt und die Markierungen mit einem Stift aufgemalt; die Strichstärke des Stiftes wählen Sie nach der Größe des Motives.
Die Rückseite sollten Sie möglichst deckungsgleich arbeiten: Drücken Sie das Motiv mit der bereits fertig gebastelten Vorderseite bei Tageslicht gegen die Fensterscheibe. So scheinen die Teile durch, und Sie können mit einem Bleistift auf der Rückseite die Stellen markieren, wo Sie andere Teile ankleben müssen oder wo mit dem Filzstift schwarze Markierungen ergänzt werden sollen.

Klebstoff

Bevor Sie die Teile zusammenkleben, legen Sie sie passend aufeinander; so haben Sie die Möglichkeit, die Umrisse der zu klebenden Teile mit einem Bleistift zu kennzeichnen.
Damit kein Schmierfleck durch den Klebstoff entsteht, tragen Sie ihn einige Millimeter vom markierten Rand entfernt auf.
Da manche Klebstoffe den Tonkarton wellen, sollten Sie Ihren Kleber zuvor an einem Probestück testen.

Aufhängen der Fensterbilder

Es gibt verschiedene Möglichkeiten, ein Fensterbild aufzuhängen. Sie können sich zwischen dem altbewährten Faden und einem Klebeband entscheiden.
Wenn Sie mit einem Faden arbeiten wollen, balancieren Sie das Motiv zwischen Daumen und Zeigefinger aus, bis Sie die richtige Stelle gefunden haben. Mit einer Nadel stechen Sie dann einige Millimeter vom Rand entfernt in das Motiv und ziehen nun den Faden durch.
Je größer das Motiv, um so sinnvoller ist es, das Fensterbild an zwei Fäden aufzuhängen.

Schneeräumdienst

„Schneeschippen" heißt bei uns ein Wintersport, bekannt in jedem tiefverschneiten Ort.

Zeichnen Sie die Pupillen der beiden und den Mund des fleißigen Schneekehrers sowie den Schnabelstrich des Raben auf. Die Nase des Schneemannes wird aufgeklebt.
Fixieren Sie den Gehweg mit der Schneefläche auf dem blauen Hintergrund.
Dann bekommt der Schwerstarbeiter den zweiteiligen Schal und den zweiteiligen Hut, damit er sich bei dem eisigen Wetter nicht erkältet.

Fügen Sie den Schneeschieber zusammen – erst wenn von hinten der rechte Arm ergänzt ist, kleben Sie das Arbeitsgerät und den linken Arm an.
Da der Schneemann auf einem Bein nicht stehen kann, kleben Sie das rechte Bein noch hinter den Körper.
Der faule Zuschauer wird auf den Stiel gesetzt, bekommt im Partnerlook auch einen roten Schal, und die Arbeit kann beginnen!

Eine Winterbekanntschaft

Kommt die kalte Jahreszeit, sind die beiden nicht mehr weit.

Zeichnen Sie bei diesen beiden bekannten Typen die schwarz markierten Stellen sowie den Mund des Weihnachtsmannes auf.
Der Schneemann bekommt seine Kohle-Knöpfe. Der Schal, der zweiteilige Hut, der Mund, der rechte Arm und mitten im Gesicht die Mohrrübe – fertig ist der weiße Mann!
Bevor Sie dem Nikolaus die dreiteilige Mütze aufsetzen, bekommt er noch einen weißen Vollbart.

Ziehen Sie ihm die vollständige Nikolauskluft samt Gürtel, Stiefel und Pelzsäume an. Der rechte Arm wird von hinten einschließlich Handschuh ergänzt.
Vergessen Sie den prall gefüllten Sack nicht, der unter dem linken Arm befestigt wird.

Ein seltsames Paket

Die Überraschung ist recht groß, denn das Paket läuft plötzlich los.

Mit großen Augen staunt der Weihnachtsmann, daß das Paket selbst laufen kann – deshalb braucht er zuerst seine Pupille.
Dann verpacken Sie diese ungewöhnliche Überraschung und versehen das Paket mit der Leine und einer dicken Schleife.

Stellen Sie das Kopfteil des erstaunten Mannes samt der dreiteiligen Mütze zusammen, und vervollständigen Sie seine Kleidung mit dem Gürtel, den Pelzsäumen und den Stiefeln.
Der fertige Arm wird zum Schluß von vorne fixiert und nimmt die Leine in die Hand.

Sympathien

Heute will ich Dir nur Sympathien schenken, laß uns bloß nicht an die warme Sonne denken!

Zeichnen Sie jeweils die Augen, den Mund, die Knöpfe und alle gepunkteten Linien (siehe Vorlagenbogen) auf. Die Nasen werden aufgeklebt.
Damit es den beiden bei ihrem kleinen Flirt nicht zu kalt wird, setzen Sie ihnen den Hut bzw. die Mütze auf und wickeln sie in den zweiteiligen Schal bzw. das Tuch.
Drücken Sie den beiden weißen Gesellen noch einen Stock bzw. einen Besen in die Hand – auf daß es einen möglichst langen Winter gibt!

Hoppla! Aufgepaßt!

**Pech gehabt, Du armer Wicht,
versichert war die Ware nicht.**

Zeichnen Sie die Pupillen, den Mund und alle gepunkteten Linien (siehe Vorlagenbogen) auf. Von hinten werden die Stiefel und die Handschuhe ergänzt, die mit den Pelzsäumen gehalten werden.
Das verdutzte Gesicht fixieren Sie hinter dem Bart-Mützen-Teil.

Freiwillig hat der arme Kerl sich nicht auf die graue Bodenfläche gelegt, die teilweise noch mit Schnee bedeckt ist. Die mit Geschenkband dekorierten Pakete liegen verstreut umher – wie groß mag der Schaden sein?

Eiskalte Nächte

Müde geht der weiße Mann zur Ruh', nur der kalte Mond schaut dabei zu!

Zeichnen Sie das Auge, den Mund und den Knopf auf; die Nase wird aufgeklebt. Da die Nacht kalt wird, binden Sie dem kleinen, müden Gesellen einen Schal um und setzen ihm den zweiteiligen Hut auf. Der Besen wird unter den Arm geklemmt, den Sie von vorne ergänzen. Nun kann es sich der weiße Mann auf dem Mond, der bereits Eiszapfen angesetzt hat, gemütlich machen.

Auf zum Schneefegen

Der Schneeräumdienst, der muß hier ran, damit man sicher laufen kann.

Malen Sie der Kompanie die Augen und den Mund auf, die Nasen werden aufgeklebt.
Jeder dieser eifrigen Schneefeger bekommt einen zweiteiligen Schal und einen Hut.
Das Arbeitsgerät wird unter den Arm geklebt, den Sie noch von vorne ergänzen.

Damit die drei losmarschieren können, muß noch jeweils das rechte Bein untergeklebt werden.
Und nun geht's los über die verschneite Straße!

Zeichnen Sie die Pupillen, die Knöpfe und die Knopfleiste des wagemutigen Weihnachtsmannes auf. Kleben Sie die Nase, die Mützen- und Bartteile auf.
Dann wird die Kleidung zusammengestellt; erst wenn die Fallschirmseile fixiert sind, dürfen Sie den fertigen Kopf ergänzen.
Und seinen Sack darf der Weihnachtsmann natürlich auch nicht vergessen! Guten Flug!!

Vom Himmel hoch, da komm ich her

**Man hofft,
die Landung wird recht weich,
der Weihnachtsmann
ist schon ganz bleich.**

Der Möhrenklau

Du bist ein kleiner, frecher Hase, das ist doch meine Rübennase!

Zeichnen Sie die Gesichter der beiden sowie alle gepunkteten Linien (siehe Vorlagenbogen) auf.
Dann geben Sie dem verärgerten Mann in Weiß seinen Besen in die Hand; der Hut und der Schal schützen ihn vor der eisigen Kälte.

Fügen Sie die Einzelteile des Möhrendiebes zusammen, wobei die Möhre – wie auch das rechte Ohr und der Schwanz – von hinten angeklebt wird.

Hoch auf dem grauen Esel

Nun komm schon und beeil' Dich doch, viele Kinder warten noch.

Zeichnen Sie die Pupillen, die Nasenöffnung und die Hufe des Grautieres auf. Legen Sie dem Esel das Halfter an, und kleben Sie die Mähne mit dem linken Ohr auf.
Der Weihnachtsmann braucht zuerst sein Gesicht mit den Bart- und Mützenteilen.
Das fertige Kopfteil bringen Sie an, dann werden der Stiefel und der Arm ergänzt.
Der schwergewichtige Mann wird nun auf das Lasttier gesetzt. Und auf geht's im leichten Galopp, die Kinder warten!

Nichts wie weg!

Als ihn die Sonne kurz ansah, war sein Leben in Gefahr.

Zeichnen Sie die Gesichter der beiden auf.
Der kleine Schneemann bekommt seinen Hut, den Schal und die Nase. Der rechte Arm und das rechte Bein werden von hinten an den Körper geklebt, der linke Arm mit dem Besen darauf.
Dann lassen Sie die freundliche Sonne hinter der grauen Bodenfläche hervorschauen.
Nun, kleiner Mann, lauf schnell, die ersten Tropfen sind schon da!

Eilpost

Zu jedem Erdteil muß der Mann, drum geht's mit Düsenkraft voran.

Die Pupille und die Flickennähte werden zuerst aufgemalt.
Verbinden Sie dann das Kopfteil des mutigen Düsenfliegers mit dem Mantel, und setzen Sie den Arm, den Gürtel, den Stiefel, die Mantelfelle und den Bart darauf. Der prall gefüllte Sack klebt unter seiner linken Hand.
Zum Schluß setzen Sie den flotten Herrn auf die bereitgestellte Rakete, damit er seine Ziele schnell erreicht.

Wo sind nur die Geschenke?

**Da kriegt der Nikolaus 'nen Schreck,
die Geschenke, die sind alle weg!**

Für den Ärmel und die Flickennähte brauchen Sie einen feinen schwarzen Filzstift.
Fügen Sie die Mantelteile zusammen, und kleben Sie die Stiefel darunter.
Dann wird der Sack zusammengeklebt, und der Nikolaus verschwindet kopfüber darin.
Die Tannen im Hintergrund nicht vergessen!

Schneemänner vor dem Fenster

Wir bleiben lieber brav hier draußen sitzen, da drinnen würden wir ja doch nur schwitzen.

Geben Sie den beiden neugierigen Leutchen die Augen, den Mund und die Hände. Dann bekommen die beiden ihre Nasen – obwohl sie beim „Fensterln" sicher stören.
Binden Sie ihnen jeweils einen zweiteiligen Schal um, und vergessen Sie die Kopfbedeckungen nicht! Wenn sie dann durch das Fenster schauen, wird von hinten noch der hellblaue Winterhimmel mit den Schneeflocken ergänzt. – Nun drückt Euch mal die Nasen platt!

Auf zum Rodeln!

**Endlich ist es Winterzeit,
und der Schlitten steht bereit.**

Zeichnen Sie jeweils das Auge und den Mund auf, die Nasen werden aufgeklebt.
Die kleinen Schneemänner schützen sich mit den Schals und den Mützen vor der Kälte.

Ein Schneemann bekommt das Seil zu fassen, der andere kann sich bequem auf den Schlitten setzen. Erst dann werden die linken Arme ergänzt, und die blaue Bodenfläche wird mit Schnee beklebt.

Weihnachtsmann in Hochform

Die Zeit wird knapp, er muß sich sputen, manchmal geht es wirklich um Minuten.

Zeichnen Sie die Pupille und die Flickennähte auf. Der flotte Geselle trägt eine dreiteilige Mütze und einen zweiteiligen Bart.
Schnüren Sie dem Nikolaus den Gürtel um, und geben Sie ihm den Sack in die linke Hand.

Der rechte Arm wird von hinten, der linke mitsamt Sack von vorne aufgeklebt, dann folgt das fertige Kopfteil.
Vervollständigen Sie die Garderobe mit den weißen Pelzsäumen und den Stiefeln.
Damit der Weihnachtsmann seine Arbeit schneller erledigen kann, schnallen Sie ihm noch die Rollschuhe an.

Heute kommt der Weihnachtsmann

**Weihnachtsmann, komm doch zu uns herein,
alle Kinder wollen artig sein!**

Zeichnen Sie die Pupillen, den Mund, den Kerzenrand und den Docht auf.
Dann wird das Gesicht des Weihnachtsmannes mit der aufgesetzten Mütze zusammengeklebt und am Mantel fixiert.
Damit der Weihnachtsmann auch in die Stuben sehen kann, positionieren Sie ihn hinter dem ausgeschnittenen Fenster.
Der blaue Nachthimmel mit dem Mond und den Sternen bildet den Hintergrund.
Die angezündete Kerze wird von vorne ins Fenster gestellt.
Ob der „Mann in Rot" uns auch besucht?

Versteckspiel im Schnee

**Bitte, bitte, such uns mal,
ob rechts, ob links ist ganz egal.**

Zeichnen Sie bei diesem Trio jeweils die Augen, den Mund sowie alle gepunkteten Linien (siehe Vorlagenbogen) auf.
Die Rübennase verleiht allen dreien ihr typisches Aussehen.
Vor der Kälte schützen warme, zweiteilige Wollmützen oder in Variation ein Hut und ein Schal.

Stellen Sie den großen Schneemann mit dem Besen auf den grauen Untergrund, während die beiden Kleinen sich verstecken – sie bekommen übrigens von vorne noch ihre Hände.
Ob sie wohl entdeckt werden?

Umwelt-freundlicher Flugbetrieb

Von einer Hexe sind die Besen, noch nie sind sie so schnell gewesen!

Zeichnen Sie jeweils die Augen und den Mund auf, die Nase wird aufgeklebt.
Die beiden bekommen ihren Schal und eine Kopfbedeckung zum Schutz gegen den eisigen Flugwind.

Dann werden die Schneemänner auf ihre flotten Flugbesen gesetzt, und die linken Arme werden ergänzt.
Und auf geht's durch die Lüfte, vorbei an den dicken Wolken!

Modernes Fortbewegungsmittel

**Den alten Schlitten läßt er heut' zu Haus,
dafür holt er den „Heißen Ofen" raus.**

Zeichnen Sie die Pupillen, den Mund, den Knopf und alle gepunkteten Linien (siehe Vorlagenbogen) auf.
Dann besteht der rasante Weihnachtsmann auf seine Augen, die Nase, die Mützen- und die Bartteile.
Fixieren Sie das fertige Kopfteil sowie die Stiefel mit dem Fell am Mantel.
Anschließend sind Sie als Tonkarton-Mechaniker gefragt: Das Motorrad muß zusammengestellt und auf den roten Mann geklebt werden. Die grauen Fußpedale werden von hinten ergänzt; von vorne bringen Sie noch die Handschuhe mit dem Fellsaum an.

Erschöpft

Des Tages Arbeit war echt schwer, nun müssen die Pantoffeln her.

Zeichnen Sie die geschlossenen Augen und alle gepunkteten Linien (siehe Vorlagenbogen) auf. Dann wird der Lehnstuhl zusammengebaut.
Die weiße Haarpracht fixieren Sie auf dem Gesicht, die Nase und der Schnauzbart folgen.
Die Beine mit den Pantoffeln kleben unter, das Kopfteil und die Hände auf dem Mantel.
Nun setzen Sie den erschöpften alten Herrn in seinen Sessel, auf dem er bereits seine Mütze abgelegt hat.
Fügen Sie noch die Sack- und Stiefelteile zusammen, und plazieren Sie sie mit dem Sessel zusammen in seiner himmlischen Wohnung.